ぷち鉄ブックス

新幹線でタイムトラベル
しんかんせん

交通新聞社

新幹線でタイムトラベル 目次

巻頭マンガ ぷっちくん ………………………………… 4
新幹線車両の進化 ………………………………………… 8
全国新幹線路線図 ………………………………………… 10

1960〜70年代の新幹線 ………………………… 11
0系／0系[食堂車連結・16両編成]／0系[1000番代(小窓車)]
【スペシャルコーナー】東海道新幹線の誕生 ………………… 18
【ひと休みクイズ】新旧の新幹線、正しい組み合わせはどれ？ …… 20

1980年代の新幹線 ……………………………… 21
200系／100系[X編成、G編成]／100系[V編成]
【スペシャルコーナー】「国鉄」から「JR」へ ………………… 28
【ひと休みクイズ】0系の改造車両いろいろ ………………… 30

1990年代の新幹線 ……………………………… 31
200系[16両編成]／300系／400系／E1系／500系／E2系／E3系[0番代]／E4系／700系／E3系[1000番代]
【スペシャルコーナー】新幹線のきっぷの「いま・むかし」 ……… 40
新幹線のきっぷの値段の「いま・むかし」 ……… 54

2000年代の新幹線 ……………………… 55
700系［ひかりレールスター］／800系／N700系／
E3系［2000番代］

［ひと休みクイズ］**新旧の車両がせいぞろい！
どれがどれだか、わかるかな？** ……………… 64

2010年代の新幹線 ……………………… 65
E5系／N700系［8両編成］／N700A／E6系／E7系・W7系／
H5系

［スペシャルコーナー］**これからの新幹線** ……………………… 78

●本文中のイラストはイメージです。
●年表に掲載の催し・競技・団体などの名称は、わかりやすさを重視し、一部に略称・通称をもちいています。

ご注意

この本にでてくるみんな

ぷっち君となかまたち
鉄道が大好きな、なかよし3人組（と1匹）。趣味を同じくする者どうし、言葉や性別をこえた友情を、日々はぐくんでいる。

ぷっち　てつよ　アイアン　ノリー

ケッケ先生
旅行写真作家。この本のナビゲーターをつとめる。

巻頭マンガ
ぷっちくん
「GO！GO！タイムトラベル」の巻

新幹線は、ぼくらにとって…特別な存在だ。
（鉄道大すき3人組）

ぷっちくん
てつよちゃん
ノリー
アイアンくん

野球少年が
プロ野球選手に
あこがれる
ように…

サッカー小僧が
ワールドカップに
あこがれる
ように…

新幹線車両の進化

木の枝のようにわかれて進化してきました。

東海道・山陽・九州新幹線系統

0系 → 100系 → 300系 → 500系

東北・北海道・上越・北陸新幹線系統

200系 → E1系 → E2系

すごくいろいろな種類があるんだね。

山形・秋田新幹線系統（ミニ新幹線）

400系 → E3系

新幹線の車両は、デビュー当時から現在まで、さまざまに進化しながら、たくさんの形式がつくられてきた。ここでは、おもな新幹線車両の進化をチャート図でみてみよう！

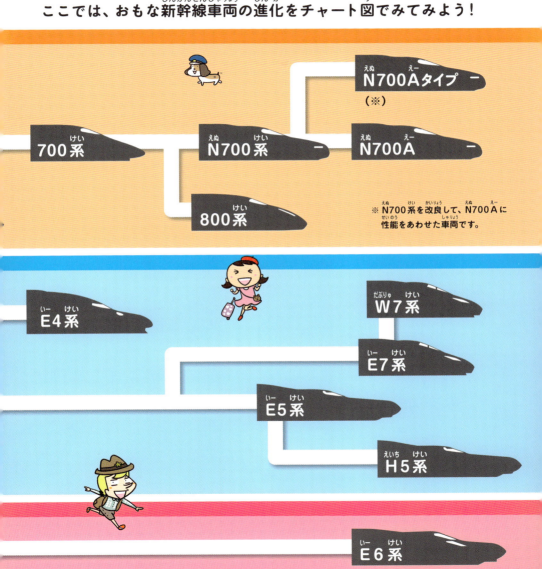

※ N700系を改良して、N700Aに性能をあわせた車両です。

全国 新幹線路線図

いちばんはじめにできた東海道新幹線から
いちばん新しい北海道新幹線まで、
新幹線がはしっているところと、
おもな駅を紹介するよ！

北海道新幹線
- 新函館北斗
- 新青森

秋田新幹線
- 秋田
- 大曲
- 盛岡

山形新幹線
- 新庄
- 山形
- 福島
- 仙台

上越新幹線
- 新潟
- ガーラ湯沢（臨時駅）
- 越後湯沢
- 高崎

北陸新幹線
- 金沢
- 富山
- 長野
- 大宮

東北新幹線
- 東京
- 新横浜

山陽新幹線
- 岡山
- 広島
- 新神戸
- 新大阪
- 京都
- 名古屋

東海道新幹線

- 博多南
- 博多
- 小倉
- 熊本

九州新幹線
- 鹿児島中央

※ 越後湯沢～ガーラ湯沢間（上越線）と
博多～博多南間（博多南線）は、
新幹線車両がはしる在来線です。

タイムトラベル その1
1960~70年代の新幹線

日本で最初の新幹線が誕生したのは1964年。
「夢の超特急」がデビューして、
ぐんぐん西へ線路をのばした時代をたずねてみよう！

1960~70 年代の新幹線

東海道新幹線

0系

1964（昭和39）年
10月1日デビュー

新幹線の歴史がはじまった
記念すべき最初の車両

デビュー当時は 12 両編成だった。

ずらりとならんだ「0系」。

カラーテレビ、自動車、クーラーが「新・三種の神器」といって、みんながほしいモノでした。

0系 あれこれ

●建設計画時は最高時速210kmではしる「夢の超特急」とよばれた。

●高速運転に対応するため、先頭車は丸みのある流線形となった。

●超特急「ひかり」と、各駅に停車する特急「こだま」が登場した。

●登場した時は「新幹線電車」とよばれ、0系という形式名は後からつけられた。

その時代に何があった？

1960年（昭和35）	●カラーテレビの本放送がはじまる
1961年（昭和36）	
1962年（昭和37）	●堀江謙一氏がヨットで太平洋単独横断
1963年（昭和38）	
1964年（昭和39）	●東海道新幹線が開業 ●東京オリンピック開催
1965年（昭和40）	●朝永振一郎氏がノーベル物理学賞を受賞
1966年（昭和41）	●「ザ・ビートルズ」来日 ●『ウルトラマン』テレビ放送開始
1967年（昭和42）	●きせかえ人形「リカちゃん」発売
1968年（昭和43）	
1969年（昭和44）	●アポロ11号が月面に着陸 ●アニメ『サザエさん』テレビ放送開始

1960~70年代の新幹線

東海道・山陽新幹線

0系
[食堂車連結・16両編成]

1974(昭和49)年
9月5日デビュー

山陽新幹線の博多開業にあわせ、食堂車が登場!

食堂車の車内。

現在ではすっかりおなじみとなった、16両編成の新幹線。長い!!

日本初の国際博覧会・大阪万博には、6400万人以上が来場しました。

宇宙船アポロ12号が持ち帰った「月の石」が大人気だったんだって。

0系 食堂車あれこれ

● 1975（昭和50）年3月10日の山陽新幹線博多開業にあわせ、その前年の9月から新幹線初の食堂車が登場した。

●「ひかり」に使用する16両編成の8号車が、食堂車になった。

●食堂車の富士山側は通路だったので、はじめは壁でしきられていたが、食堂からも富士山がみえるよう、後から窓がついた。

●カレーライスやサンドイッチ、ステーキ、寿司などのメニューが用意されていた。

その時代に何があった？

1970年（昭和45）
●日本万国博覧会（大阪万博）開催

1971年（昭和46）
●ハンバーガーチェーンの「マクドナルド」、日本に初出店

1972年（昭和47）
●札幌冬季オリンピック開催
●山陽新幹線、新大阪〜岡山間が開業
●沖縄、アメリカから日本に返還
●恩賜上野動物園でパンダのカンカン、ランランが公開

1973年（昭和48）
●歌手・山口百恵さんがデビュー。森昌子さん、桜田淳子さんと「花の中3トリオ」として人気になる

1974年（昭和49）
●東海道・山陽新幹線に、食堂車が登場
●プロ野球・読売巨人軍の長嶋茂雄選手、現役を引退

1975年（昭和50）
●山陽新幹線、岡山〜博多間が開業
●沖縄国際海洋博覧会が開幕
●国鉄最後のSL旅客列車がさよなら運転

1960~70 年代の新幹線

東海道・山陽新幹線

0系
[1000番代（小窓車）]

1976（昭和51）年10月17日デビュー

窓が小さく、より安全に
改良がすすんだ0系車両

窓は座席の列にあわせた位置につけられていた。写真は2000番代。

東海道をかけぬける0系の小窓車。

「子門真人さんのうたう『およげ！たいやきくん』が大ヒット！」

「日本で一番、うれたシングル盤といわれているのよ。」

その時代に何があった？

1976年(昭和51)	●モントリオールオリンピック開催。体操競技でルーマニアのコマネチ選手が人気になる ●東海道・山陽新幹線に、0系1000番代（小窓車）登場
1977年(昭和52)	●プロ野球・読売巨人軍の王貞治選手、756号ホームランで世界記録を樹立
1978年(昭和53)	●成田空港（当時の名前は新東京国際空港）が開港 ●映画『スター・ウォーズ』が日本公開。SFブームがおきる ●日本初の日本語ワープロ「東芝JW-10」発表 ●女性2人組の歌手、ピンク・レディーが『UFO』でレコード大賞受賞
1979年(昭和54)	●テレビ朝日でアニメ『ドラえもん』放送開始 ●ソニーが携帯用ヘッドホンステレオ「ウォークマン」を発売

0系 1000番代あれこれ

●新幹線のはしる勢いで、線路の石がまきあげられた時、その石が窓ガラスにあたってわれるのをふせぐために、小さな窓になった。

●ひとつの座席にひとつの窓となって、自分の座席のカーテンがしめやすくなった。

●1981（昭和56）年11月からは、座席と座席の間が広くて快適な、0系2000番代が登場した。

ケッケ先生のスペシャルコーナー
東海道新幹線の誕生

東海道新幹線は
どのようにして、できたのか？
誕生までのアレコレを、
ケッケ先生が大解説！

エピソード① 弾丸列車構想

新幹線の誕生からさかのぼること24年前の1940（昭和15）年。「広軌鉄道建設計画」として、東京〜大阪〜下関間をむすぶ高速鉄道を国がつくることがきまった。

この計画は「弾丸列車構想」ともよばれ、東京〜下関間に軌間（線路の幅）が1435mmの新しい線路をつくり、東京〜大阪間を4時間で、東京〜下関間を9時間でむすぶものだった。

しかし、太平洋戦争が激しくなって工事はストップ。日本は戦争にやぶれ、そのまま「幻の弾丸列車計画」となってしまった。

エピソード② 夢の超特急

　時はながれて昭和30年代。このころになると、日本は戦争にまけた痛手からたちなおり、人や物の行き来がさかんになる。東京や名古屋、大阪など、日本の大きい町をむすぶ東海道本線では、輸送力（人や物をはこぶ力）がもっと必要になった。
　そこで、今度は「夢の超特急」として、高速鉄道を建設することが決定。1964（昭和39）年10月の東京オリンピックの開催にあわせ、東海道新幹線の建設工事がはじまった。
　同時に、世界で初めてとなる最高時速210kmで営業運転ができる車両の開発がすすめられ、流線形の新幹線電車（後に0系の形式がつく）が完成した。
　そうして1964（昭和39）年10月1日、東海道新幹線の東京～新大阪間が開業し、超特急「ひかり」と特急「こだま」が誕生した。

東海道新幹線の開業セレモニー。

開業一番列車のきっぷを求めて、旅行社にならぶ人たち。

ひと休みクイズ
新旧の新幹線、正しい組み合わせはどれ？

6枚の写真のうち、❶〜❸は昔の新幹線で、あ〜うは今の新幹線だよ。同じ路線をはしっていた（いる）車両は、どれとどれかな？ 組み合わせをこたえてね。

❶

❷

❸

あ

い

う

こたえ：❶〜う（東北新幹線） ❷〜あ（東海道・山陽新幹線） ❸〜い（山形新幹線）

タイムトラベル その2

1980年代の新幹線

東北新幹線が開業し、国鉄はJRへ。
新幹線にとって激動の時代といえる、
1980年代をのぞいてみよう！

1980 年代の新幹線

東北・上越新幹線

200系

1982（昭和57）年
6月23日デビュー

北国の寒さや雪にもつよい東北新幹線の初代車両

車内や外観をリニューアルしながら、2013年まで活躍した。

緑色のラインが印象的な200系。

マンガ『Dr.スランプ』や『キャプテン翼』、アニメ『機動戦士ガンダム』が人気になったのもこのころ。

200系 あれこれ

● 1982（昭和57）年6月23日から東北新幹線大宮〜盛岡間で、同年11月15日から上越新幹線大宮〜新潟間で、開業にあわせて使用が開始された。

● 北国の寒さや雪に対応するため、車体の下をカバーでおおう「ボディマウント構造」が採用された。

● 外観は0系新幹線とにているが、窓まわりの色などをグリーンに変更して、イメージチェンジをはかった。

その時代に何があった？

1980年（昭和55）
● 立方体パズル「ルービックキューブ」が日本上陸、大流行

1981年（昭和56）
● マザー・テレサ氏が来日
● 福井謙一氏がノーベル化学賞を受賞

1982年（昭和57）
● 東北新幹線、大宮〜盛岡間が開業。200系が登場
● 上越新幹線、大宮〜新潟間が開業

1983年（昭和58）
● 東京ディズニーランドが開園
● 任天堂が家庭用テレビゲーム機「ファミリーコンピュータ」を発売

1984年（昭和59）
● 長編アニメ映画『風の谷のナウシカ』公開
● テレビコマーシャルにエリマキトカゲが登場、珍獣がブームになる

1980年代の新幹線

東海道・山陽新幹線

100系
[X編成、G編成]

[X編成] 1985（昭和60）年10月1日デビュー
[G編成] 1988（昭和63）年3月13日デビュー

新幹線で初めて2階建て車両が登場！

先頭車を横からみたところ。0系とくらべると、かなりとんがった形だ。

100系G編成。横の青いラインは0系をひきつぎ、その後の車両にも、うけつがれている。

100系 あれこれ
（X編成、G編成）

- 新幹線で初となる、2階建て車両を2両連結。
- X編成の2階建て車両は、食堂車とグリーン車。グリーン車の1階部分には、1・2・3人用グリーン個室を設置した。
- G編成は、JR東海が製造した車両。食堂車をグリーン車に変更し、1階部分にカフェテリアを設置した。
- 先頭車両はスピード感あふれるシャープなデザインとなった。
- 普通車の3人がけ座席が、回転して向きをかえられるようになった。

その時代に何があった？

1985年（昭和60）
- 東北・上越新幹線、上野〜大宮間が開業
- 国際科学技術博覧会（つくば科学万博）開催
- 東海道・山陽新幹線に、100系X編成が登場
- プロ野球・阪神タイガース、リーグ分立後初の日本一になる

1986年（昭和61）
- 恩賜上野動物園でパンダの赤ちゃん、トントンが誕生

1987年（昭和62）
- 国鉄分割民営化で、JR7社が誕生（→P28）
- プロ野球・広島カープの衣笠祥雄選手が、2131試合連続出場の世界記録を達成

1988年（昭和63）
- 東海道・山陽新幹線に、100系G編成が登場
- 青函トンネルが開通
- 日本初の全天候型スタジアム、東京ドームが誕生
- 瀬戸大橋が開通

1989年（昭和64／平成元）
- 元号を「平成」と改元
- 東海道・山陽新幹線に、100系V編成が登場（→P26）

25

1980年代の新幹線

東海道・山陽新幹線

100系 [V編成]

1989（平成元）年3月11日デビュー

2階建て車両が4両連結！ごうかな「グランドひかり」

2階建て車両部分。

100系V編成。2階建て車両が4両連結されているのがわかる。

100系 V編成あれこれ

- V編成は、JR西日本が製造した車両。「グランドひかり」という愛称がつけられた。
- 食堂車1両＋グリーン車3両（1階部分は普通車）、合計4両の2階建て車両を連結した。
- 山陽新幹線区間は最高時速230kmで運転。東京〜博多間を最速5時間47分でむすんだ。

山陽新幹線で活躍したV編成

100系V編成の一部は、後に4両や6両の短い編成となって、山陽新幹線で長く活躍した。

山陽新幹線「こだま」として活躍した6両編成の100系。

「国鉄」から「JR」へ

ケッケ先生のスペシャルコーナー

1987（昭和62）年4月1日、「国鉄」は分割民営化され、「JRグループ」が誕生した。日本の歴史にのこる、この大変化について、ケッケ先生が解説！

エピソード① 国鉄ってなに？

「国鉄」をひとことで説明するなら、「国がお金をだして運営する鉄道」だ。鉄道を運営する団体には、○○市などの地方自治体や、△△電鉄などの民間会社もあるが、かつて日本でいちばん大きかったのが「国鉄」だ。地方自治体や民間会社が、どちらかというと、かぎられた地域で鉄道をはしらせているのにたいして、国鉄は、全国に人や物をはこぶため、日本中で列車をはしらせてきた。

1957（昭和32）年に撮影された、九州の筑豊本線の若松駅。石炭をはこぶための貨車がならんでいる。

1954（昭和29）年の元日に撮影された、山手線の原宿駅。国鉄の年末年始輸送が、東京・上野両駅ともに戦後最高の収入となったころだ。

エピソード② 分割民営化

昭和40年代になると、道路がよくなって自動車がふえ、さらに飛行機も便利になってきた。人や物をはこぶ方法は、鉄道だけではなくなったのだ。国鉄が人や物をはこぶ量はしだいにへり、国鉄は収入（もらうお金）よりも支出（つかうお金）が多い、「赤字」とよばれる状態になる。あまり利用されていない路線をなくすなど、いろいろな節約をがんばっても赤字の額はふえるばかりだった。

そこで、日本の代表があつまる国会で、国鉄の民営化（民間会社にすること）がはなしあわれた。その方が、むだづかいがへらせるとかんがえられたのだ。その結果、国鉄は1987（昭和62）年3月31日を最後に、長い歴史に幕をおろし、6つの地域別の旅客会社と、ひとつの貨物会社にわけられることがきまった。

エピソード③ JR7社の誕生と新幹線

1987（昭和62）年4月1日。国鉄は、北海道・東日本・東海・西日本・四国・九州の6つの旅客鉄道と、貨物を担当する日本貨物鉄道の、あわせて7社にうまれかわり、おたがいに協力しあうJRグループとなった。

新幹線は、東北・上越新幹線がJR東日本、東海道新幹線がJR東海、山陽新幹線がJR西日本にわけられた。その後にできた山形・秋田新幹線はJR東日本、九州新幹線はJR九州、北陸新幹線はJR東日本とJR西日本、そして北海道新幹線はJR北海道が路線の管理をしている。

国鉄の終わりと、JRグループの誕生を記念しておこなわれたセレモニー。

ひと休みクイズ
0系の改造車両いろいろ

国鉄の分割民営化（→P28）により、山陽新幹線をうけもつことになったJR西日本。さっそく、新大阪〜博多間のサービス向上をめざして、0系を改造したいろいろな車両をはしらせた。ここでは、話題となった3つの車両について、クイズで紹介しよう！

Q1 列車名はなに？

1988（昭和63）年3月13日から、山陽新幹線の新大阪〜博多間に登場。横5列だった普通車の座席をゆったりとした4列にし、ラウンジのついたビュフェ（ビュッフェ）を連結したよ。

- あ ラウンジひかり
- い ウエストひかり
- う きらきらひかり

「西」は英語でなんていう？

Q2 この車両では、なにがみられた？

1988（昭和63）年4月1日から、山陽新幹線の一部の「ひかり」の7号車に設置された。この車両では「新幹線名画劇場」として、あるものをみることができたよ。

- あ 人形劇
- い 有名な絵
- う 映画

この車両は「ビデオカー（シネマカー）」とよばれたよ。

Q3 「こどもサロン」では、なにができる？

1995（平成7）年7月21日から、小さなこどもと一緒に旅行するのに便利な「ファミリーひかり」が登場した。この列車では、3号車の座席をとりはずし、「こどもサロン」が設置された。

- あ あそべる
- い 昼寝ができる
- う 食事ができる

右の写真がヒントよ！

答え：Q1 ①、Q2 ②、Q3 ⑤

タイムトラベル その3

1990年代の新幹線

新しい新幹線が開業し、大幅なスピードアップにも成功した1990年代。にぎやかな時代へ、いってみよう!

1990年代の新幹線

東北新幹線

200系
[16両編成]

1991（平成3）年
3月8日デビュー

東北新幹線に、初めて2階建て車両が登場！

グループ旅行などに人気だった、4人用普通個室。

迫力の長さで活躍した200系16両編成。

1990年の「大人になったらなりたいもの」（第一生命調べ）は…

男子1位「野球選手」、女子1位「保育園・幼稚園の先生」だったのよ。

200系 16両編成あれこれ

●東北新幹線で初となる、2階建てグリーン車を2両連結した16両編成が登場した。

●2階建て車両の2階部分はグリーン席。1階部分にはグリーン個室や4人用普通個室、カフェテリアが設置された。

●先頭車は、100系（→P24）と同様の、スピード感あふれるシャープなスタイルとなった。

その時代に何があった？

1990年（平成2）

●アニメ『ちびまる子ちゃん』テレビ放送開始

●第1回大学入試センター試験実施

●大阪で国際花と緑の博覧会（花の万博）開催

●大阪に世界最大級の水族館「海遊館」オープン

●東京放送（TBS）の秋山豊寛氏、日本人初の宇宙飛行

1991年（平成3）

●東北新幹線に、200系16両編成が登場

●"お立ち台"のある伝説のディスコ「ジュリアナ東京」がオープン

●東北・上越新幹線、東京～上野間が開業

●アメリカ最大のおもちゃチェーン「トイザらス」日本1号店開店

1990年代の新幹線

東海道・山陽新幹線

300系

1992（平成4）年
3月14日デビュー

最高時速は270km！
記念すべき初代「のぞみ」

先頭車の形も、現在の車両にちかづいてきた。

初代「のぞみ」として活躍した300系。

若花田、貴花田の兄弟力士が活躍して、大相撲ブーム。初の外国人横綱・曙も誕生したんだ。

300系 あれこれ

● 最高時速270km運転を可能にした車両で、東海道新幹線「のぞみ」用として登場した。

● 東京〜新大阪間の所要時間が19分短縮されて、最速2時間30分となった。

● 先頭車は空気抵抗や騒音・振動をふせぐ、斬新な流線形となった。

● 座席の数や配置が、その後に登場する東海道新幹線の車両の基本となった。

その時代に何があった？

1992年（平成4）

- アルベールビル冬季オリンピック開催。フィギュアスケート女子で伊藤みどり選手が銀メダル獲得
- 東海道・山陽新幹線に300系が登場
- 山形新幹線、福島〜山形間が開業、400系が登場（→P36）
- バルセロナオリンピック開催。水泳女子200m平泳ぎで岩崎恭子選手が金メダル獲得
- 毛利衛氏らをのせた宇宙船「エンデバー」打ち上げ成功
- 学校週5日制スタート

1993年（平成5）

- 日本初のプロサッカー「Jリーグ」がスタート
- 皇太子徳仁親王と小和田雅子さんがご結婚
- 姫路城や屋久島など日本から4件がユネスコの世界遺産に登録

1990年代の新幹線

山形新幹線

400系

1992（平成4）年
7月1日デビュー

新幹線と在来線を直通する日本初のミニ新幹線車両

400系の試作車。運転席の横に小さい窓があった。

銀色の車体がかっこいい400系。

400系あれこれ

- 新幹線と在来線を直通する、日本初の"ミニ新幹線"用の車両。
- 車体の大きさは在来線の車両と同じで、普通車の座席は2＋2席の横4列配置。
- ドアの下に、新幹線の駅で使用するステップをそなえている。
- 新幹線区間は最高時速240km、在来線区間は最高時速130kmで運転した。

「在来線」とは、新幹線以外のJRの鉄道線のことです。

山形新幹線 ○×ものしりクイズ

Q1 山形新幹線の山形県側の終点は、山形駅である。

答え：×
新庄駅です。開業した時は山形駅が終点でしたが、1999（平成11）年12月に、山形～新庄間が開業して、新庄駅が終点になりました。

Q2 山形新幹線には、踏切がある。

答え：○
新幹線は通常、踏切のない専用の線路をはしります。しかし、山形新幹線は在来線の線路をはしるため、踏切をとおる姿がみられます。

Q3 山形新幹線には、くだものの名前がついた駅がある。

答え：○
「さくらんぼ東根」という名前の駅があります。この駅のある東根市は、さくらんぼの名産地です。

1990年代の新幹線

東北・上越新幹線

E1系

1994（平成6）年
7月15日デビュー

日本初！ オール2階建ての新幹線「Max」デビュー

デビュー当時のカラーリング。

オール2階建てのE1系。ごらんのとおりの迫力。

プロ野球の野茂英雄選手がアメリカ大リーグ・ドジャースに入団！海外で大活躍する姿に、多くの人があこがれたよ。

E1系 あれこれ

● 東北・上越新幹線の通勤用として開発された、日本初のオール2階建て新幹線車両。

● 座席の数をふやすため、普通車自由席の一部は、通路をはさんで3+3席がならぶ、横6列の配置となった。

● 200系とくらべると座席の数が約40％ふえ、「Max」の愛称がつけられた。

その時代に何があった？

1994年（平成6）
- 日本初の女性宇宙飛行士・向井千秋氏が宇宙へ
- 東北・上越新幹線にE1系登場
- プロ野球・オリックスのイチロー選手、日本プロ野球史上初のシーズン200本安打を達成
- 大江健三郎氏がノーベル文学賞を受賞
- ソニーが家庭用ゲーム機「プレイステーション」を発売

1995年（平成7）
- 1月17日、阪神・淡路大震災が発生
- 4月8日、阪神・淡路大震災により運休していた山陽新幹線が復旧
- プリントシール機の元祖「プリント倶楽部」が登場、"プリクラ"とよばれ大ヒット
- ゆりかもめ、新橋〜有明間が開業
- マイクロソフトが「Windows95」を発売、パソコンの普及がはじまる

新幹線のきっぷの「いま・むかし」

新幹線の特急券は、駅の「みどりの窓口」などで発売されるが、時代ごとに特急券の大きさなどはかわってきた。ここではそんな新幹線のきっぷ（特急券）に注目して、いろいろな時代のきっぷを紹介しよう。なお「マルス」とは、特急券などの予約・発券をする、国鉄・JRグループのコンピューターシステムだ。

硬券

昔から使用されている硬い紙に印刷されたきっぷ。

こっ、これは…、新幹線開業当日のきっぷだ！！

初期のマルス券

国鉄が使用した、初期のマルスで発券されたきっぷ。これは1967（昭和42）年に発行されたもの。

N型端末機発券

国鉄マルス（105タイプ）の、駅にあるN型端末機とよばれる装置で発行されたきっぷ。これは1973（昭和48）年に発行されたもの。

T型端末機発券

国鉄マルス（202タイプ）の、旅行会社にあるT型端末機とよばれる装置で発行されたきっぷ。これは1987（昭和62）年に発行されたもの。

これは、国鉄最後の日のきっぷです！

JRのマルス券

2002（平成14）年10月から使用されている、現在のきっぷ。これは2016（平成28）年に発行されたもの。

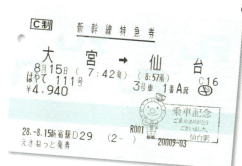

協力／堀川正弘

1990年代の新幹線

東海道・山陽新幹線

500系

1997（平成9）年3月22日デビュー

最高時速300km！！
ロケットみたいな新幹線

鉛筆のように先頭がとがっている。

16両編成で活躍していたころの500系。

500系 あれこれ

● 当時の世界最高時速300kmでの営業運転をめざして、JR西日本が開発した高速車両。

● 先頭車はまるで鉛筆の先のような、するどくシャープなデザイン。

● 車内は航空機をおもわせる丸みのある形で、騒音を少なくする、つばさ形のパンタグラフをそなえた。

● 現在では8両編成となり、山陽新幹線「こだま」として使用されている。

500系 ○× ものしりクイズ

Q1 500系の最高時速は今も300kmである。

答え：×
現在、500系は「こだま」として、山陽新幹線区間で運転されています。最高時速は285kmです。

Q2 500系にはお子さま向け運転台がある。

答え：○
8号車の新大阪寄りのスペースに、お子さま向けの疑似運転台があります。みんなに大人気の500系ならではのサービスです。

Q3 500系をモチーフにした公式キャラクターがいる。

答え：○
山陽新幹線の公式キャラクター「カンセンジャー」です。500系新幹線をモチーフにしたヒーローで、「安全・マナー」をテーマに、イベントをはじめさまざまな活動に参加しています。

1990年代の新幹線

東北・長野新幹線

E2系

1997（平成9）年
3月22日デビュー

最高時速275kmの高速車両
長野用では急な坂に対応

長野新幹線用は8両編成。赤色のラインが目印だ。

東北新幹線をはしるE2系。

E2系 あれこれ

● 200系にかわる次世代車両として開発された、最高時速275kmの高速車両。

● 東北新幹線の東京〜盛岡間では、秋田新幹線のE3系「こまち」と連結してはしった。

● 長野新幹線用は、軽井沢付近でかわる交流50ヘルツと交流60ヘルツの両電源に対応した機器をつんでいる。

● 長野新幹線用は、安中榛名〜軽井沢間の碓氷峠をこえるため、急な坂道でもはしれるパワーとブレーキをそなえている。

その時代に何があった？

1996年（平成8）
- 宇宙飛行士の若田光一氏、「エンデバー」で宇宙へ
- 将棋の羽生善治氏が王将位を獲得、7冠達成
- キャラクターを育てるゲーム「たまごっち」発売
- 原爆ドーム・厳島神社が世界遺産に登録

1997年（平成9）
- 東海道・山陽新幹線に、500系が登場（→P42）
- 東北新幹線にE2系が登場
- 秋田新幹線が開業、E3系が登場（→P46）
- アニメ『ポケットモンスター』テレビ放送開始
- 長野新幹線（現在の北陸新幹線・東京〜長野間）が開業
- 東北新幹線に、E4系が登場（→P48）

東海道・山陽新幹線の500系と、東北新幹線のE2系、秋田新幹線のE3系は、みんな同じ日（1997年3月22日）にデビューしたよ！

1990年代の新幹線

秋田新幹線

E3系 [0番代]

1997（平成9）年 3月22日デビュー

高速運転に対応した「ミニ新幹線」タイプの車両

E3系0番代をもとにして、2016年に上越新幹線にデビューした「現美新幹線」。

秋田新幹線をはしるE3系0番代。

E3系 0番代 あれこれ

● 秋田新幹線用につくられた車両。東北新幹線区間ではE2系と連結して、最高時速275kmで運転できる。

● 400系（→P36）と同様に、車体の大きさは在来線の車両と同じ、台車などの走行装置は新幹線と同じになっている。

● E6系（→P72）が登場すると、つかわれなくなったE3系車両の一部は改造されて、現代アートが鑑賞できる「現美新幹線」や、観光列車「とれいゆ つばさ（→P53）」になった。

秋田新幹線 ○×ものしりクイズ

Q1 秋田新幹線の愛称「こまち」は、人の名前にちなんでいる。

答え：○

「こまち」は、平安時代の歌人・小野小町にちなんでいます。小町は、一説には秋田地方出身とされる女性で、とても美人だったといわれています。

Q2 秋田新幹線の愛称には、「こまち」のほかに「なまはげ」がある。

答え：×

「なまはげ」は、秋田県の男鹿地方につたわる行事ですが、秋田新幹線の愛称になったことはありません。「なまはげ」がどんなものかしりたい人はぜひ、秋田新幹線にのって秋田へいってみましょう。

Q3 秋田新幹線は、途中で車両の進む向きがかわる。

答え：○

大曲駅で、向きがかわります。それまで先頭だった車両が最後尾になり、最後尾の車両が先頭になってはしります。

1990年代の新幹線

東北・上越新幹線

E4系

1997(平成9)年
12月20日デビュー

世界最大の座席定員をほこるオール2階建て車両の2代目

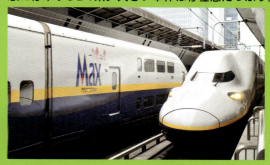

駅に停車するE4系。大きい車体は存在感たっぷり。

ピンク色のラインにぬりかえられ、上越新幹線で活躍するE4系。

E4系 あれこれ

- E1系（→P38）の次に登場したオール2階建て車両。新幹線で通勤する人に対応して、たくさんの人がのれる。
- E1系と同じように、普通車自由席の一部は、座席が通路をはさんで3＋3席でならぶ、横6列の配置となっている。
- 8両編成を2本連結すると、高速列車として世界最大の座席定員1634名となる。
- デビュー当時は東北新幹線をはしっていたが、現在は上越新幹線で使われ、車体も専用の色に変更されている。

E4系 ○× ものしりクイズ

Q1 E4系は、連結してはしることができる。

答え：○

E4系には連結器がついており、E4系を2本つなげた16両編成ではしることができます。東北新幹線をはしっていたころは、E3系「つばさ」と連結してはしることもありました。

Q2 E4系で運転される新幹線の愛称は「Big（ビッグ）」だ。

答え：×

愛称は「Max（マックス）」です。行き先や始発駅によって「Maxとき」「Maxたにがわ」などがあります。

Q3 E4系のデッキには、階段がある。

答え：○

オール2階建て新幹線であるE4系は、デッキに階段が設置されています。階段をのぼれば2階席にいけ、おりれば1階席にいけます。

1990年代の新幹線

東海道・山陽新幹線

700系

1999（平成11）年
3月13日デビュー

先頭車両がさらに進化！
速くて快適な"カモノハシ"

横からみた700系。

独特の形をした先頭車両が目印だ。

アメリカでアニメ映画『ポケットモンスター』が公開。日本の映画で初めて全米ナンバーワン※に！

※週間興行収入（初登場1位）

700系 あれこれ

● 先頭車は、トンネルをとおるときの騒音をおさえるため、カモノハシの顔のような、独特なデザインとなった。

● 最高時速は東海道新幹線区間で270km、山陽新幹線区間では285kmになった。

● 客室は300系（ P34）よりも天井が高くなり、ゆったりとした車内空間になった。

その時代に何があった？

1998年（平成10）

● 長野冬季オリンピック開催。スピードスケート・清水宏保選手の金メダルなど、日本選手がメダル10個獲得

● 世界最長のつり橋・明石海峡大橋が開通

1999年（平成11）

● 童謡「だんご3兄弟」が大ヒット

● 東海道・山陽新幹線に、700系が登場

● 野口健氏がエベレスト登頂成功。世界7大陸の最高峰登頂を達成した

● 新潟県の佐渡で中国からおくられたトキのペアからひなが誕生

● ソニーからペットロボット「AIBO」発売

● 世界人口が60億人を突破

● J.K.ローリング作の世界的ベストセラー『ハリー・ポッターと賢者の石』日本語版が発売

● 山形新幹線、山形〜新庄間が開業。E3系1000番代が登場（ P52）

1990年代の新幹線

山形新幹線

E3系 [1000番代]

1999（平成11）年
12月4日デビュー

山形新幹線の新庄延伸にあわせて登場した車両

E2系「やまびこ」（右）と連結するE3系「つばさ」。

山形新幹線をはしるE3系。

E3系 1000番代 あれこれ

● 山形新幹線の新庄延伸開業で、400系車両（→P36）がたりなくなるのにあわせて、2編成が登場した。

● 秋田新幹線用のE3系0番代（→P46）と同じスタイルだが、はしるスピードは400系と同じ最高時速240kmとなっている。

● シルバーメタリックとグレーの塗色を採用。車内設備の配置などは400系とあわせている。

足湯つきの新幹線「とれいゆ つばさ」

秋田新幹線用のE3系0番代を改造し、山形新幹線区間で活躍している観光列車が、2014年7月19日にデビューした「とれいゆ つばさ」。なんと、日本初の車内に足湯がある新幹線だ。

足をお湯に入れてくつろげる「足湯」スペースがあるのね！

外観も「とれいゆ つばさ」専用の色をしている。

ゲッケ先生のスペシャルコーナー！ 新幹線のきっぷの値段の「いま・むかし」

新幹線のきっぷの値段は、昔と今で、どのぐらいちがうのか？ 東海道新幹線の東京〜新大阪間を例に、開業当時から現在までの、金額のおもなうつりかわりを紹介しよう。

東海道新幹線　東京〜新大阪間　運賃＋料金の合計額

1964（昭和39）年 10月1日
- ひかり 2等　2480円
- こだま 2等　2280円

　最初の1年間はこの値段だったよ。

※「2等」は今でいう普通車です（等級制は1969年に廃止）。1975年以降は普通車指定席（通常期）の金額を紹介しています。

1965（昭和40）年 11月1日
- ひかり 2等　2780円
- こだま 2等　2480円

　このころのラーメンの値段は1杯およそ63円！

1975（昭和50）年 3月10日
- ひかり・こだま　5010円

　約1年半前にくらべ3290円の大幅値上げ！

1976（昭和51）年 11月6日
- ひかり・こだま　8300円

1982（昭和57）年 4月20日
- ひかり・こだま　1万1500円

　このころのラーメンの値段は1杯およそ344円！

1992（平成4）年 3月14日
- のぞみ　1万4430円
- ひかり・こだま　1万3480円

　「のぞみ」が登場！専用の特急料金が設定された。

2003（平成15）年 10月1日
- のぞみ　1万4050円
- ひかり・こだま　1万3750円

　「のぞみ」の本数がふえて、「ひかり」「こだま」との料金差がすくなくなった。

現在　2014（平成26）年4月1日〜
- のぞみ　1万4450円
- ひかり・こだま　1万4140円

　今のラーメンの値段は1杯およそ572円。

※ラーメンの値段は東京都区部の平均価格。総務省「小売物価統計調査」結果を参考にしました。

タイムトラベル その4

2000年代の新幹線

東北新幹線の八戸開業や、九州新幹線が一部開業したのが、この年代。北へ、南へ、線路をのばした新幹線をみてみよう！

2000年代の新幹線

山陽新幹線
700系
[ひかりレールスター]
2000（平成12）年3月11日デビュー

700系を元にしてうまれた山陽新幹線の人気車両

横からみたところ。
700系（→P50）と同じ形だ。

かっこいい外観で人気の700系ひかりレールスター。

「ひかりレールスター」だけど、「こだま」としてはしることもあるよ！

オリンピック、ノーベル賞、大リーグなど、世界のいろいろな場所で活躍する日本人が話題になったのよ。

700系 ひかりレールスター あれこれ

●車両の基本設計・性能は700系とほぼ同じだが、客室内は「ひかりレールスター」専用のつくり。

●山陽新幹線区間だけで運転され、8両編成になっている。

●外観はJR西日本のオリジナルカラーを採用。車両の側面に「Rail Star」のロゴマークがある。

●4〜8号車の普通車指定席は、2+2席のゆったりとした配置。8号車には4人用普通個室が4室ある。

その時代に何があった？

2000年（平成12）
- ●山陽新幹線に、700系ひかりレールスターが登場
- ●シドニーオリンピック開催。女子マラソン・高橋尚子選手、柔道女子・田村亮子選手などが金メダル獲得
- ●白川英樹氏がノーベル化学賞を受賞
- ●イチロー選手が野手として日本人初の大リーガーに
- ●都営地下鉄大江戸線、全線開通

2001年（平成13）
- ●ユニバーサル・スタジオ・ジャパン開園
- ●東京ディズニーシー開園
- ●野依良治氏がノーベル化学賞を受賞
- ●アップル社がiPod発売

2002年（平成14）
- ●欧州統一通貨ユーロ流通開始
- ●サッカーワールドカップ、日韓共同開催
- ●小柴昌俊氏がノーベル物理学賞を受賞
- ●田中耕一氏がノーベル化学賞を受賞
- ●東北新幹線、盛岡〜八戸間が開業

2000年代の新幹線

九州新幹線

800系

2004（平成16）年
3月13日デビュー

九州新幹線が開業！
おしゃれな車両が話題に

後からつくられた800系の車内には、金ぱくがはられた壁もある。

九州新幹線800系。横の赤い線がまっすぐなものは2004年からつかわれている。

2009年に登場した車両は、「新800系」とよばれることもあります。

アテネオリンピックで日本選手が大活躍！

「チョー気持ちいい」「気合だー！」などの名セリフが流行語になったよ。

800系 あれこれ

● 九州新幹線が新八代〜鹿児島中央間で先行開業した時に登場した。

● 全車普通車で6両編成。車体には、列車の愛称となった「つばめ」がデザインされている。

● 内装は"和（日本）"をイメージして、木材や伝統工芸品をとりいれている。座席はゆったりとした2＋2席の配置。

● 2009（平成21）年8月22日には、車内の壁の一部に金ぱくをつかった、ごうかな車両が登場した。

その時代に何があった？

2003年（平成15）

● 1933（昭和8）年に製造された古い電車「クモハ42形」が引退

● 小惑星探査機「はやぶさ」打ち上げ

● 沖縄にモノレール誕生、愛称は「ゆいレール」

● 東海道新幹線、品川駅が開業

2004年（平成16）

● みなとみらい線が開業

● 九州新幹線、新八代〜鹿児島中央間が開業。800系が登場

● 営団地下鉄が民営化され、東京メトロが誕生

● アテネオリンピック開催。水泳男子平泳ぎ100m・200mで、北島康介選手が金メダル

● 東海道新幹線40周年、のべ旅客41億人突破

● JR時刻表、12月号で通巻500号

2000年代の新幹線

東海道・山陽新幹線

N700系

2007(平成19)年
7月1日デビュー

速くて、快適！
今につづく主力車両が誕生

騒音が小さくなるように工夫された先頭車両。

N700系。「N」は、「New（新しい）」や「Next（次の）」を意味している。

2007年8月16日、埼玉県と岐阜県で最高気温40.9℃を記録。今でも全国の最高気温ランキングで歴代2位の記録なんだって！

N700系あれこれ

● 700系とくらべて、スピードや快適さ、省エネルギーの性能が大きくグレードアップした。

● 車体傾斜システム（カーブを通過する時に車体が1度かたむく）をそなえた。これにより、東海道新幹線区間にある、制限時速が255kmだったカーブを、270kmで通過できるようになった。

● 空気の抵抗と騒音を少なくするため、車体の連結部分を全周ホロとよばれるカバーでおおっている。

その時代に何があった？

2005年（平成17）
- 中部国際空港が開港
- 愛知県で2005年日本国際博覧会（愛・地球博）開幕
- つくばエクスプレスが開業

2006年（平成18）
- トリノ冬季オリンピック開催。フィギュアスケート女子で、荒川静香選手が金メダル獲得

- ゆりかもめ、有明〜豊洲間が開業
- 任天堂が家庭用ゲーム機「Wii」を発売

2007年（平成19）
- 台湾で高速鉄道（台湾新幹線）が開業
- 東海道・山陽新幹線に、N700系が登場
- 郵政民営化
- 埼玉県に鉄道博物館が開館

2000年代の新幹線

山形新幹線
E3系
[2000番代]

2008(平成20)年
12月20日デビュー

400系との交代用に登場
2014年からは塗装も一新

色がかわる前のE3系。

むらさき色をアクセントにした車体になったE3系2000番代。

2008年7月、スタジオジブリの映画『崖の上のポニョ』が公開。主題歌も大ヒットしたよ。

その時代に何があった？

2008年（平成20）
- 北京オリンピック開催。ソフトボールが金メダル獲得
- 東京メトロ副都心線、池袋～渋谷間が開業
- iPhone 3G、日本発売
- 南部陽一郎氏・益川敏英氏・小林誠氏が、ノーベル物理学賞を受賞
- 下村脩氏が、ノーベル化学賞を受賞
- 山形新幹線に、E3系2000番代が登場

2009年（平成21）
- バラク・オバマ氏、第44代アメリカ大統領に就任
- 寝台特急「はやぶさ」「富士」、急行「つやま」が廃止
- 国際宇宙ステーションに、日本初の有人実験施設「きぼう」完成
- 日本で46年ぶりに皆既日食、次は2035年
- ＪＲ西日本が山陽新幹線で500系8両編成「こだま」にお子さま向け運転台を設置

E3系 2000番代 あれこれ

- 山形新幹線「つばさ」用の車両で、東北新幹線区間を最高時速275kmで運転できる。
- 基本的な形はE3系1000番代（→P52）と同じだが、ヘッドライトの形がかわった。
- 新幹線で初めて、全車両に空気清浄機をそなえた。
- 2014（平成26）年4月から、「山形の彩り豊かな自然の恵み」などをテーマにした、新しい塗色にかわった。

ひと休みクイズ
新旧の車両がせいぞろい！どれがどれだか、わかるかな？

JR東日本の新幹線車両がずらりとならんでいるよ。❶から❼まで、なんという形式かわかるかな？　下の㋐〜㋖からえらんでね。

今とは塗装の色がちがうものもあるね！

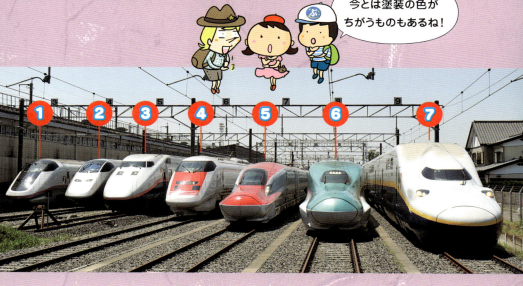

- ㋐ E1系
- ㋑ E5系
- ㋒ E3系こまち
- ㋓ E4系
- ㋔ E3系つばさ
- ㋕ E6系
- ㋖ E926形（イースト・アイ）

ひとつだけ、この本に登場していない車両がありますよ！

答え／❶−ウ　❷−オ　❸−キ　❹−カ　❺−イ　❻−ア　❼−エ

タイムトラベル その5
2010年代の新幹線

最近の新幹線は、北陸や北海道まで線路がつながり、新しい車両もぞくぞくと登場。今日も元気にはしりつづけているよ！

2010年代の新幹線

東北・北海道新幹線

E5系

2011（平成23）年
3月5日デビュー

デザインも性能も新しい最高時速320kmの新幹線

グランクラスの内部。
1編成に18席しかない、ごうかな座席だ。

グリーンの車体が目をひくE5系。「はやぶさ」などとして活躍している。

東日本大震災で、東北地方の新幹線がストップ。でも、みんなの経験や知恵を生かして、わずか49日で全面復旧しました。

E5系 あれこれ

● 最高時速320kmで運転ができる、JR東日本の車両。

● 車両は、未来をかんじさせるような、先進的で独特な形をしている。

● 緑と白の車体に、鮮やかなピンクのラインがはいった、スピード感あふれる外観。

● 新幹線初のファーストクラスとよばれる、最上級の座席をそなえた「グランクラス」車両を連結している。

その時代に何があった？

2010年（平成22）
- バンクーバー冬季オリンピック開催。フィギュアスケート女子で、浅田真央選手が銀メダル獲得
- アメリカで4月、日本では5月にiPad発売
- 根岸英一氏・鈴木章氏が、ノーベル化学賞を受賞
- 東北新幹線、八戸〜新青森間が開業し、全線開通

2011年（平成23）
- 東北新幹線に、E5系が登場
- 3月11日、東日本大震災が発生。東北新幹線が一時不通となる
- 九州新幹線、博多〜新八代間開業。山陽・九州新幹線に、N700系8両編成（→P68）が登場
- 愛知県にリニア・鉄道館がオープン
- 東北新幹線が全線で運転再開
- 小笠原諸島と平泉が世界遺産に登録
- サッカー女子ワールドカップで、なでしこジャパンが優勝

2010年代の新幹線

山陽・九州新幹線

N700系 ［8両編成］

2011（平成23）年3月12日デビュー

山陽新幹線と九州新幹線を直通運転する車両

普通車指定席。
通路をはさんで2＋2席にゆったりとならんでいる。

N700系8両編成。伝統的なやきもの「青磁」のような、うすい青色をした車体が特徴だ。

N700系 8両編成あれこれ

● 山陽・九州新幹線用として、8両編成で登場したJR西日本・JR九州の車両。

● 東海道・山陽新幹線用の16両編成も「N700系」だが、車体外観の色や車内のデザイン、座席の配置(山陽・九州用は普通車指定席が2＋2席配置)などがちがう。

● 車体傾斜システム(→P61)など、東海道新幹線区間でつかわれる機能はそなえていない。

九州新幹線 ○×ものしりクイズ

Q1 九州新幹線の愛称は「さくら」と「つばめ」の2つである。

答え：×
「さくら」「つばめ」のほかに、「みずほ」があります。「みずほ」は、「さくら」「つばめ」にくらべて停車駅が少なく、目的地に速く到着します。

Q2 九州新幹線800系(→P58)には、グリーン車がない。

答え：○
800系は6両編成で、すべて普通車です。しかし座席は2＋2席の配置でゆったり。座面には車両ごとに違うシートがはられるなど、おしゃれで快適なつくりになっています。N700系8両編成には、グリーン車もあります。

Q3 九州新幹線には「新」という字がつく駅が5つある。

答え：○
「新鳥栖」「新大牟田」「新玉名」「新八代」「新水俣」の5つです。

2010年代の新幹線

東海道・山陽新幹線

N700A

2013（平成25）年
2月8日デビュー

N700系が進化した安全で環境にやさしい車両

車体にかかれた大きい「A」のマークが目印だ。

N700系をさらに改良してうまれたN700A。

N700A あれこれ

● とても性能がよい「中央締結ブレーキディスク」で、今までよりも、もっと早く停車できるようになった。

● 新幹線で初めて、ATC情報を活用した定時走行装置をそなえた。列車がおくれている時でも、安定して速くはしることができる。

● N700Aが登場した後、N700系（→P60）のすべての車両が、N700Aとほぼ同じ性能になるよう改造された。

N700A ○× ものしりクイズ

Q1 N700Aの「A」には、「進化した」という意味がこめられている。

答え：○
N700Aの名前につけられている「A」は、英語で「進化した」という意味をもつ、Advancedという言葉からきています。

Q2 N700系を改造して、N700Aと同じ性能をもたせた車両には、小さい「A」がついている。

答え：○
N700系を改造して、N700Aと同じ性能をもたせた車両は「N700Aタイプ」とよばれ、写真のようなロゴがついています。

Q3 N700Aの次につくられる新型車両の名前は、「N700B」だ。

答え：×
N700Aの技術をさらに進化させて、開発がすすむ新型車両の名前は「N700S」と発表されています。N700Sについては78ページへ！

2010年代の新幹線

秋田新幹線

E6系

2013（平成25）年
3月16日デビュー

E5系やH5系と連結して時速320kmでかけぬける

E5系と連結してはしる。

赤い車体が人気のE6系。

2020年のオリンピック・パラリンピック開催都市に、東京がえらばれた！「お・も・て・な・し」が流行語になったのよ。

E6系 あれこれ

● 秋田新幹線「こまち」用の車両で、東北新幹線区間では最高時速320kmで運転できる。

● 車体はスピード感にあふれた形で、秋田の伝統行事などにちなんだ赤色をしている。

● 東北新幹線の東京〜盛岡間では、E5系（→P66）やH5系（→P76）と連結する。先頭車のカバーの中に連結器がしまわれている。

● 在来線区間は最高時速130kmではしる。

その時代に何があった？

2012年（平成24）
- 東京スカイツリー開業
- ロンドンオリンピック開催。体操男子個人総合で、内村航平選手が金メダル獲得
- 山中伸弥氏が、ノーベル生理学・医学賞を受賞
- レスリング女子の吉田沙保里選手に国民栄誉賞。オリンピックを含む世界大会で13回連続優勝

2013年（平成25）
- 東海道・山陽新幹線に、N700A（→P70）が登場
- 秋田新幹線にE6系が登場
- 三浦雄一郎氏、世界最高齢の80歳でエベレスト登頂
- 富士山が世界遺産に登録

- イチロー選手、日米通算4000本安打を達成
- JR九州の豪華寝台列車「ななつ星in九州」運行開始
- 和食がユネスコの無形文化遺産に登録

2010年代の新幹線

北陸新幹線
E7系・W7系

2014（平成26）年
3月15日デビュー

東京と金沢をむすぶ
北陸新幹線用の車両

E7系グランクラスのデッキ。

E7系。正面の青色と、両脇のラインが目印だ。

「ディズニー映画『アナと雪の女王』が大ヒット！」
「ゲームやアニメの『妖怪ウォッチ』も大流行。」
「しってる、しってる！」

E7系・W7系あれこれ

●北陸新幹線の長野〜金沢間の開業にむけて登場した。E7系は、先に東京〜長野間で運転をはじめた。

●E7系はJR東日本、W7系はJR西日本の車両で、形はどちらも同じ。

●新幹線で初めて、普通車のすべての席に電源コンセントがつけられた。

●E5系（→P66）につづいて、最上級の座席をそなえた「グランクラス」を連結している。

その時代に何があった？

2014年（平成26）
- ソチ冬季オリンピック開催。フィギュアスケート男子で羽生結弦選手が金メダル獲得
- 長野新幹線（現在の北陸新幹線・東京〜長野間）にE7系が登場
- 岩手県の三陸鉄道が3年ぶりに完全復旧
- 富岡製糸場が世界遺産に登録
- テニス・錦織圭選手、全米オープンで準優勝
- 赤崎勇氏・天野浩氏・中村修二氏が、ノーベル物理学賞を受賞

2015年（平成27）
- 最後のブルートレイン「北斗星」が運転を終了
- 北陸新幹線、長野〜金沢間が開業。W7系が登場
- 大村智氏が、ノーベル生理学・医学賞を受賞
- 梶田隆章氏がノーベル物理学賞を受賞
- 宇宙飛行士の油井亀美也氏、国際宇宙ステーションに約142日間滞在して帰還
- 静岡県に、日本一長い歩行者専用のつり橋「三島スカイウォーク」が完成

2010年代の新幹線

東北・北海道新幹線

H5系

2016（平成28）年
3月26日デビュー

新幹線が北海道へ！
E5系の兄弟分の車両

普通車の通路には雪のマークがデザインされている。

H5系。E5系とちがい、車体のラインはむらさき色。